EMPEZANDO

I0799514

LOS CAMIONES DE BASURA

MEG GREVE

CREATIVE EDUCATION • CREATIVE PAPERBACKS

ÍND

ICE

VEO UN CAMIÓN DE BASURA.

Un brazo se mueve y toma el cesto de la basura. ¡Parece un robot!

Este camión tiene un cargador lateral.

La basura es aplastada y desbaratada.

La basura es colocada en una tolva. Es empujada por una hoja empacadora.

Este camión de basura

tiene un cargador frontal.

El contenedor sube.

La basura cae dentro.

Los trabajadores mueven los cestos de la basura. Mantienen limpio el vecindario.

¡Gracias! ¡Nos vemos la próxima semana!

HAZ UN SONIDO

RRRRRR!

¿Puedes imitar los sonidos de un camión de basura?

Escucha estos sonidos:

https://www.youtube.com/watch?v=PbO9rCAhswo

¡Ahora te toca a ti!

PALABRAS DE CAMIONES DE BASURA

cargador: La parte de un camión recolector de basura que coloca la basura en la tolva.

contenedor: Un recipiente grande de metal que, en este caso, contiene mucha basura.

hoja empacadora: La parte de un camión recolector de basura que aplasta la basura para que quepa mejor.

tolva: La parte del camión de basura donde se coloca la basura.

ÍNDICE ALFABÉTICO

PUBLISHED BY CREATIVE EDUCATION AND CREATIVE PAPERBACKS
P.O. Box 227, Mankato, Minnesota 56002
Creative Education and Creative Paperbacks are imprints of The Creative Company
www.thecreativecompany.us

LIBRARY OF CONGRESS CATALOGING-IN-PUBLICATION DATA
Names: Greve, Meg, author.
Title: Los camiones de basura / by Meg Greve.
Other titles: Garbage Trucks. Spanish
Description: Mankato, Minnesota : Creative Education and Creative Paperbacks, [2025] | Series: Empezando | Includes index. | Audience: Ages 4-7 | Audience: Grades K-1 | Summary: "Garbage trucks will introduce budding book learners to a noisy, colorful world with this new Starting Out title, in American Spanish. Colorful photos, labeled diagrams, 'Make a Noise' section, glossary, and more ignite a passion for learning"-- Provided by publisher.
Identifiers: LCCN 2024002893 (print) | LCCN 2024002894 (ebook) | ISBN 9798889894490 (library binding) | ISBN 9781682778661 (paperback) | ISBN 9798889894612 (ebook)
Subjects: LCSH: Refuse collection vehicles--Juvenile literature. | Refuse collection--Juvenile literature. | CYAC: Refuse collection vehicles. | LCGFT: Instructional and educational works.
Classification: LCC TD794 .G7418 2025 (print) | LCC TD794 (ebook) | DDC 628.4/42--dc23/eng/20240205
LC record available at https://lccn.loc.gov/2024002893
LC ebook record available at https://lccn.loc.gov/2024002894

DESIGN AND PRODUCTION
Design by Rhea Magaro and Jennifer Bowers
Production by Beeline Media and Design
Art direction by Tom Morgan
Translation to Spanish by Base Tres
Printed in the United States of America

PHOTOGRAPHS by Getty Images (ansonsaw), Shutterstock (I'm friday, freestore 839, Aastels, Another77, Noel V. Baebler, Mirror-Images, degetzica, Victor Yarmolyuk, Sirisak_baokaew, Ljupco Smokovski, Gargantiopa, Bohbeh, Knaupe)